친구들아 안녕!
우리 이제부터
함께 기차 여행을
떠나 볼까?

글 | 김혜준

어린이 책을 기획하고 원고를 쓰는 일을 하고 있어요. 어린이들이 책을 좋아하는 어른으로 자랐으면 하는 마음으로 재미있고 유익한 책을 만들려고 해요. 준의 어린 시절을 그리워하며, 어린이들이 자존감을 가지고 행복한 마음을 가질 수 있는 글을 쓸 생각이에요. 지은 책으로 《윙바디 윙고의 탈것 박물관》, 《로봇 자동차 차고의 자동차 박물관》, 《옛날 옛적 공주와 왕자는 궁궐에서 살았지》 등이 있답니다.

그림 | 김보경

대학에서 산업디자인을 전공했어요. 졸업 후 그림책 작가를 꿈꾸며 한국출판일러스트아카데미에서 공부한 후 그림책 작가로 활동하고 있어요. 그림을 통해 어린이 독자들에게 감동을 선사해 주고 싶어한답니다. 작품으로는 《드보르작》, 《멋부리는 까마귀》, 《음악세계 바이엘》, 《윙바디 윙고의 탈것 박물관》, 《로봇 자동차 차고의 자동차 박물관》등이 있어요.

로봇기차 치포의 **기차 박물관**

초판 1쇄 발행 | 2020년 2월 25일
초판 4쇄 발행 | 2021년 7월 17일
개정판 1쇄 발행 | 2021년 12월 13일
개정판 5쇄 발행 | 2024년 2월 15일
개정2판 1쇄 인쇄 | 2024년 11월 4일
개정2판 1쇄 발행 | 2024년 11월 13일

글쓴이 | 김혜준
그린이 | 김보경

펴낸이 | 김은선
펴낸곳 | 초록아이
주소 | 경기도 고양시 일산서구 주화로 180 월드메르디앙 404호
전화 | 031-911-6627 **팩스** | 031-911-6628
등록 | 2007년 6월 8일 제410-2007-000069호

사진 제공 © 한국철도공사 / 서울교통공사 / 철도박물관 / 코레일공항철도 / 곡성기차마을 / 광주도시철도공사 / 대전광역시도시철도공사
부산김해경전철주식회사 / 용인경전철주식회사/ 의정부경전철주식회사 / 포토파크 / wikipedia / pixabay.com / pxhere.com
김종오 / 김서연 / 강은빈 / 김지현 / 유동준 / 장민재 / 박상정 / 민승구 / 최수민 / Sydney Lee / Jonas Schneider / Marlene Metzger
Lucas Johnson / Marie Dupont / Chugun(24p. Ktx line) / Sorovas / Nickteenwen(98p. ICE) / Tiernan Johnson / Fan railer
Maeda Akihiko / Kyusyugo(62p.은하철도999)

ISBN | 978-89-92963-87-9 73550

로봇기차 치포의

기차 박물관

글 김혜준 | 그림 김보경

초록아이

차 례

PT

기차 여행을 떠나는 친구들

준 호기심 많고 모험심이 강해요.
책 읽기를 좋아하고 말을 잘해요.

지후 그림을 잘 그리고 컴퓨터를 잘해요.
준의 사촌으로 같은 유치원에 다녀요.

라희 준의 여동생으로 잘 웃어요.
노래 부르기를 좋아해요.

지민 뭐든 잘 먹는 지후의 남동생이에요.
씩씩하고 겁이 없어요.

칠빵이 준네 강아지예요. 언제나
아이들을 쫄쫄 따라다녀요.

치포 놀이 공원을 달리는 꼬마 기차예요.
로봇으로 변신도 해요. 어린이들을 태우고
다니며 기차에 대해 궁금한 것들을 알려줘요.

기차 놀이가 즐거워!
준은 지후와 함께 오늘 유치원을 일찍 마쳤어요. 오늘은 사촌인 지후네 가족과 놀이 공원에 놀러 가기로 한 날이에요. "칙칙 폭폭~" 준의 동생 라희와 지후 동생 지민이는 놀이터에서 즐겁게 기차 놀이를 하며 오빠와 형이 오기만을 기다렸답니다.
지민아, 우리 놀이 공원 가서 꼬마 기차 탈까?
그래 누나! 오늘은 놀이 공원도 가고 신난다.
칙칙 폭폭~

기차는 이렇게 발전해 왔어요

기차는 철도 즉 선로 위를 달리며 사람과 짐을 실어 날라요. 일정한 신호와 규칙을 지키며 선로 위를 달리지요. 기차는 달릴 수 있는 힘 즉 에너지를 만드는 동력차, 동력차에 연결돼 사람을 태우는 객차, 짐을 싣는 화차로 나뉘어요. 동력차는 증기 기관차, 디젤 기관차, 전기 기관차, 고속 열차, 자기 부상 열차 등의 순서대로 발전해 왔답니다.

열차는
한 대 이상의 차들이
줄지어 있다는 뜻인데,
기차라는 말을 더 많이
쓰곤 해요.

영국 증기 기관차

증기 기관차

증기 기관차는 석탄을 때서 물을 끓여 나오는 증기의 힘으로 달려요. 1804년 영국의 트레비식이 증기 기관차 페니다렌 호를 만들었어요. 이후 스티븐슨이 로코모션 호를 만들면서 널리 타게 되었어요.

디젤 기관차

1892년 독일의 디젤은 석유(경유)를 연료로 태워 열 에너지를 기계 에너지로 바꾸는 디젤 기관을 만들었어요. 1912년 디젤 기관을 동력으로 달리는 디젤 기관차가 처음으로 나온 이후 많은 나라에서 다니고 있어요.

우리나라 디젤 기관차

전기 기관차

전기 기관차는 철도 위의 전선으로 전기를 받아 그 힘으로 달려요. 기관차 위의 팬터그래프가 전기를 전해 주지요. 1800년대 후반 처음 나와서 1960년대 이후 디젤 기관차보다 많이 다니고 있어요.

독일 전기 기관차

고속 열차

고속 열차는 열차 위의 팬터그래프로 전기를 받아 모터를 돌려 달려요. 물고기 모양의 유선형에 선로에 닿는 바퀴 수도 적어요. 한 시간에 200킬로미터 넘게 아주 빨리 달린답니다.

이탈리아 고속 열차

자기 부상 열차

자기 부상 열차는 강한 전기 자석의 힘으로 선로 위를 살짝 떠서 달려요. 선로와 열차 아래 부분의 극성이 서로 달라 밀고 당기는 힘으로 움직이지요. 자기 부상 열차는 세계에서 가장 빠르고, 소음이나 진동도 적어요.

수소 전기 열차

수소 전기 열차는 수소와 산소로 전기를 만들어서 달려요. 수소 에너지를 이용해 오염 물질이 나오지 않는 친환경 열차예요. 2018년 독일 함부르크에서 첫 수소 열차가 달리기 시작했어요.

오스트리아 수소 전기 열차

하이퍼루프

개발중에 있는 미래형 초고속 열차예요. 공기 저항이 거의 없는 터널(튜브) 속으로 열차를 초음속(소리가 퍼지는 것보다 빠른 속도)으로 띄워요. 시간당 1200킬로미터로 바퀴가 없이 총알처럼 빠르게 날아가 탄환 열차로 불려요.

하이퍼루프 상상도

전철을 타고 놀이 공원으로!
준과 지후네 가족은 함께 전철을 탔어요. 놀이 공원은 조금 멀리 있는 도시에 있거든요. 전철은 달리다가 깜깜한 땅 속으로 들어갔어요. 그리고 얼마 뒤 역에 멈추어 섰지요. 사람들이 전철을 타기 위해 줄지어 기다리고 있었답니다.
SUBWAY

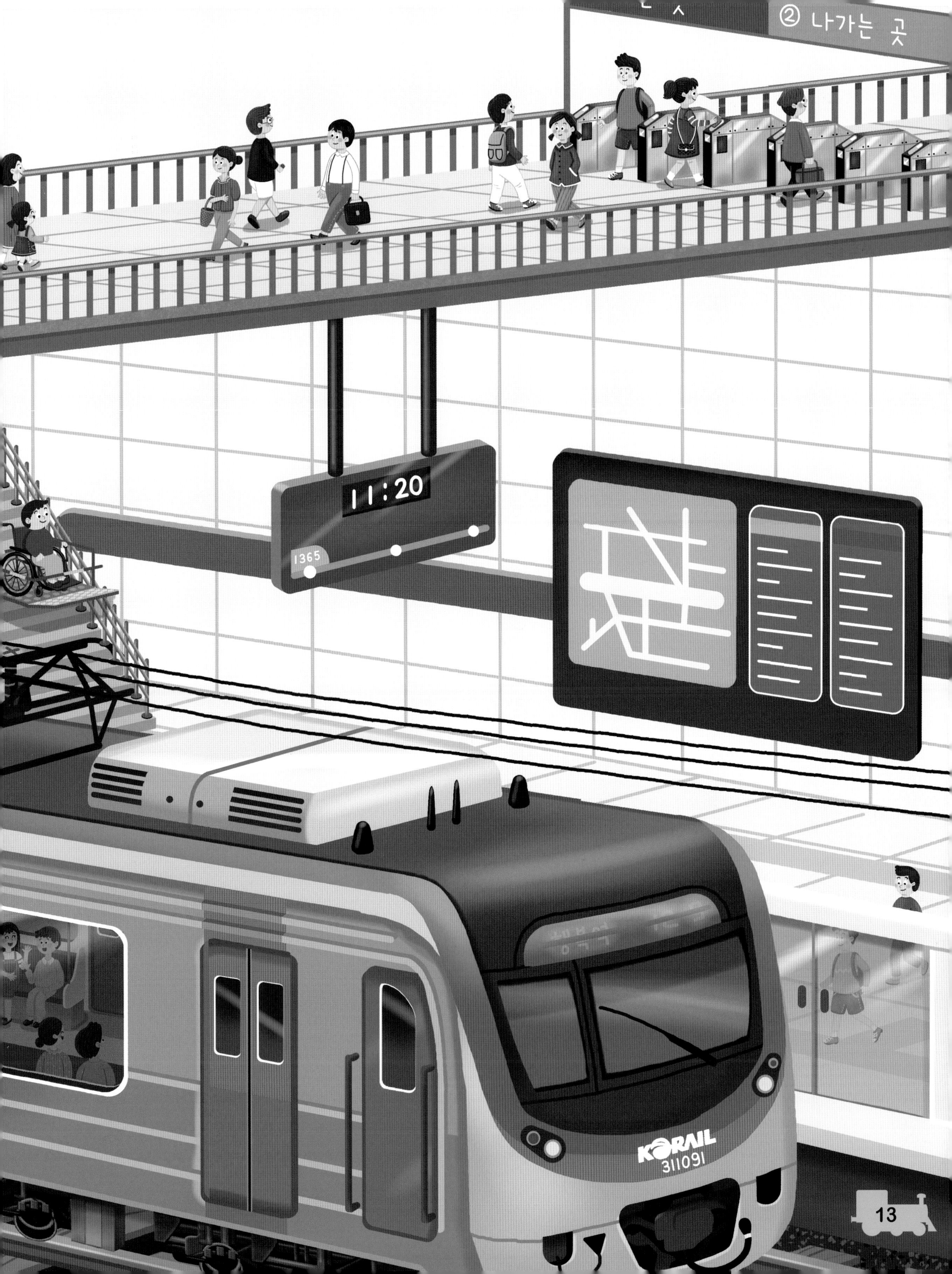
② 나가는 곳
11:20
1365
KORAIL
311091

여러 가지 도시 철도가 다녀요

서울과 수도권의 전철 및 지하철

전철, 지하철, 경전철 등을 도시 철도라고 해요. 모두 전기의 힘으로 달리는 전동 열차예요. 서울과 수도권에는 지하철 1호선부터 9호선까지 다니고 있어요. 경전철도 다니고 있지요.

1호선(의정부, 인천, 수원, 아산 등 수도권)

2호선(서울 시내를 한바퀴 도는 순환선)

3호선 (고양 대화역 ~ 오금역)

4호선 (진접역 ~ 시흥 오이도역)

5호선 (방화역 ~ 하남검단산역, 마천역)

6호선(응암역 ~ 신내역)

7호선 (장암역 ~ 인천 석남역)

8호선 (별내역 ~ 성남 모란역)

9호선(개화역 ~ 둔촌동 중앙보훈병원역)

경의중앙선 (파주 도라산역 ~ 양평 지평역)

신분당선 (신사역 ~ 수원 광교역)

수인 · 분당선 (인천역 ~ 수원역 ~ 청량리역)

인천 1호선 (계양역 ~ 송도 달빛축제공원역)

인천 국제공항 철도 (서울역 ~ 인천공항 2터미널역)

경강선 (판교역 ~ 여주역)

경춘선 (청량리역 ~ 춘천역)

우리나라 대도시의 전철 및 지하철

우리나라 대도시인 부산, 대구, 대전, 광주에도 전철과 지하철이 다녀요. 덕분에 사람들이 편리하고 안전하게 원하는 곳까지 빨리 갈 수 있답니다.

부산 1호선(다대포 해수욕장역 ~ 노포역)

부산 2호선 (장산역 ~ 양산역)

부산 3호선 (수영역 ~ 대저역)

동해선 광역 전철 (부전역 ~ 태화강역)

대전 지하철 (반석역 ~ 판암역)

광주 지하철 (평동역 ~ 녹동역)

대구 1호선 (설화명곡역 ~ 안심역)

대구 2호선 (문양역 ~ 영남대역)

대구 3호선 모노레일 (칠곡경대병원역 ~ 용지역)

편하게 타는 전동 열차 경전철

경전철은 가벼운 전기 철도라는 뜻이에요. 소음과 진동이 적어 편안하게 탈 수 있어요. 다니는 거리도 짧아요. 김해 경전철, 용인 경전철, 의정부 경전철 등이 다니고 있지요.

의정부 경전철
(발곡역 ~ 탑석역)

용인 에버라인
(기흥역 ~ 전대 · 에버랜드역)

김포 골드라인
(양촌역 ~ 김포공항역)

우이 신설선
(북한산우이역 ~ 신설동역)

인천 2호선
(검단오류역 ~ 운연역)

김해 경전철
(사상역 ~ 가야대역)

신림선
(샛강역 ~ 관악산역)

부산 지하철 4호선
(미남역 ~ 안평역)

꼭 지켜야 할 지하철 예절

1. 열차가 들어오면 안전선 뒤로 물러나요.
2. 차례를 지키며 안전하게 타고 내려요.
3. 할머니, 할아버지, 아픈 사람, 임산부 등에게 먼저 자리를 내어줘요.
4. 큰 소리로 떠들며 이야기하거나 뛰지 않아요.
5. 쓰레기 등을 함부로 버리지 않아요.
6. 휴대 전화 벨소리는 크게 울리지 않게 해요.
7. 내리는 사람들이 많은 문 앞에 서 있을 경우, 잠시 내렸다가 다시 타요.

땅 속과 땅 밖을 달리는 전철

"와, 다시 땅 밖으로 나왔다! 밖이 환해졌어." 땅 속에서 다시 땅 밖으로 나온 전철이 신기했는지 지민이가 소리쳤어요. "집과 나무들이 휙휙 지나가네!" 라희도 신이 나서 말했어요. 라희와 지민이는 달리는 전철 밖을 계속 바라다보았답니다.

세계의 전철 · 지하철을 알아봐요

세계 여러 나라의 전철 및 지하철

전철과 지하철은 미국 뉴욕, 영국 런던, 프랑스 파리 등 세계 여러 나라의 대도시에도 다녀요. 세계 최초의 지하철은 1863년 영국 런던 메트로폴리탄 철도의 증기 기관차랍니다.

사우디아라비아 전철

싱가포르 전철

베트남 전철

튀르키예 전철

중국 지하철

일본 전철

인도 전철

대만 전철

카자흐스탄 전철

에스파냐(스페인) 전철

영국 지하철 튜브 (1890년,
세계 최초의 전기 지하철)

스웨덴 지하철

벨기에 전철

독일 전철

미국 뉴욕 지하철(1904년~)

프랑스 전철

아르헨티나 지하철

멕시코 전철

호주 지하철

고속 열차로 갈아타고 빠르게!

지하철에서 내린 후 이번에는 고속 열차를 타기 위해 갔어요. 고속 열차는 아주 빨리 달리는 열차예요. 고속 열차로 갈아타면 놀이 공원도 더 빨리 갈 수 있지요. 가족 수대로 기차표를 산 후에 모두 함께 열차를 타는 곳인 플랫폼으로 갔답니다.

기차역 플랫폼

플랫폼은 기차역에서 열차를 타고 내리는 승강장을 일컬어요. 기차역 전광판의 열차 출발 안내를 보면 어느 플랫폼에서 타야 하는지 '타는 곳'을 알 수 있어요.

우리의 여객 열차가 궁금해요

고속 여객 열차 : KTX, KTX 산천, KTX 청룡, SRT, 해무 430X

여객 열차는 사람들을 태우는 객차로 이루어진 열차예요. 우리나라는 2004년부터 고속 여객 열차 KTX가 다녀요. 고속 열차는 한 시간에 200킬로미터 넘게 빠르게 달린답니다.

1. KTX (Korea Train eXpress, 한국 고속 철도-케이티엑스)

KTX(총 20량)

KTX 객실

KTX는 프랑스 고속 열차 테제베의 기술로 만든 열차예요. 서울에서 부산까지 두 시간 반이면 가요. 상어처럼 날렵해서 시간당 300여 킬로미터를 달릴 수 있어요.

2. KTX 산천

KTX 산천(총 10량)

KTX 산천 객실

KTX 산천은 우리 기술로 만든 고속 열차예요. '산천'은 물고기 산천어처럼 빠르고 힘차게 달리라는 뜻이에요. KTX보다 한 시간에 20여 킬로미터를 더 빨리 달릴 수 있어요.

KTX 산천 호남선

KTX 산천 운전실

3. KTX 청룡

KTX 청룡

KTX 청룡 객실

4. SRT (Super Rapid Train, 수서 고속 철도-에스알티)

서울특별시 강남구 수서역에서 출발하는 고속 열차예요.
시간당 300여 킬로미터를 달릴 수 있고, 경부선과 호남선에 다녀요.

SRT 운전실

해무 430X

우리나라 기술로 만든 초고속 열차예요.
시간당 420여 킬로미터를 달려요.
해무가 달리려면 여러 가지
문제점들이 먼저 해결되어야 해요

준고속 여객 열차 : KTX 이음

고속 열차보다는 느리고 다른 열차들보다는 빨라요. 중앙선 · 강릉선 등에서 다녀요.

KTX 이음(6량)

KTX 이음 객실

특급 여객 열차 : itx (inter-city train express) 청춘

서울 용산에서 강원도 춘천까지 가는 빠른 열차예요. 시간당 180킬로미터를 달려요.

4~5호차 이층 객실

급행 여객 열차 : itx 마음, itx 새마을, 누리로, 급행 전동 열차 등

주요 역에서만 서는 급행 열차예요. 경부선 · 호남선 · 전라선 등에서 다녀요.

itx 마음

itx새마을

누리로

무궁화호

경인선 급행 전동 열차

수도권 광역 급행 철도(GTX)-A

보통 여객 열차 : 지하철 · 전철 등 일반 전동 열차(광역 철도 일반 열차)

급행 여객 열차보다 늦게 가요. 모든 역에서 멈추어 사람들을 싣거나 내려주어요.

수도권 1호선 열차

2호선 전기 제동 열차

수도권 3호선 열차

서해선 전동 열차(소사역~대곡역)

4호선 열차(서울 교통 공사)

4호선 열차(한국철도공사)

놀이 공원의 꼬마 기차 치포

고속 열차에서 내려 드디어 놀이 공원에 도착했어요. 준과 지후, 라희와 지민이는 놀이 기구를 타고 신나게 놀았어요. 놀이 공원을 달리던 꼬마 기차도 타기로 했지요. 그런데 꼬마 기차가 말을 걸어오지 뭐예요! “안녕, 얘들아! 난 치포야. 나랑 기차 여행을 떠나지 않을래? 기차에 대해 궁금한 것들을 알려 줄게.”

열차 바퀴를 이끌어 주는 궤도

열차가 잘 달리게끔 바퀴를 이끌어 주는 선로를 궤도라고 해요. 궤도는 열차의 무게를 견디도록 튼튼하게 만들어요. 선로 사이의 마주 보는 거리인 궤간 (궤도의 간격) 에 따라 표준궤, 광궤, 협궤로 나뉘지요. 우리나라의 궤간은 1,435밀리미터로, 세계 여러 나라에서 가장 많이 쓰는 표준궤예요. 이보다 큰 궤간은 광궤, 이보다 적으면 협궤라고 한답니다. 유럽에는 선로의 간격이 달라질 때마다 바퀴의 위치가 바뀌는 궤간 가변 열차도 다니고 있어요.

우리의 관광 열차를 알아봐요

우리나라의 각 지역에는 재미있는 관광 열차들이 많이 다녀요. 관광 열차는 사람들에게 여러 가지 즐거운 볼거리와 먹을거리, 체험거리들을 주기 위해 달리고 있답니다.

백두대간 협곡 열차

봉화 분천역에서 태백 철암역까지 가는,
하얀 호랑이(백호) 모습의 V-트레인이에요.

남도 해양 관광 열차

영남과 호남을 오가는, 꼬불꼬불한 철길 모습을 닮은 S-트레인이에요.

동해 산타 열차

동해 바다를 즐기며 분천역 산타 마을까지 가는
영동선 관광 열차예요.

서해 금빛 열차

서울 용산에서 익산까지 서해안을 달리는 온돌 마루 열차 G-트레인이에요.

정선 아리랑 열차

서울의 청량리역에서 아리랑으로 유명한 정선까지 가는 A-트레인이에요.

해운대 해변 열차

부산의 멋진 해안가를 즐길 수 있는 노면 전차예요.

충북 영동 국악 와인 열차

국악을 들으며 영동의 와인(포도주)을 맛보는 열차예요.

교육 테마 열차

강연, 세미나 등 교육 행사를 하는 단체 관광 열차 E-트레인이에요.

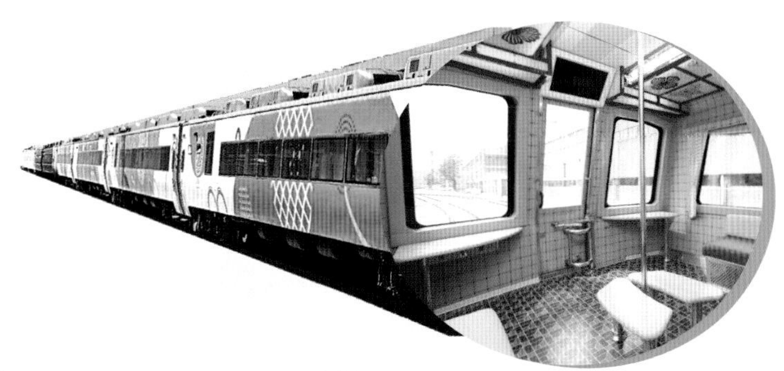

전통 시장 관광 열차

전국의 팔도 장터를 다니는 관광 열차예요.

에코 레일 열차

자전거 여행 관광 열차예요.
열차에서 자전거를 빌려 탈 수 있어요.

레일 크루즈 해랑

해랑은 호텔식 관광 열차로 전국을 누비며 다녀요. 침대가 있는 객실, 전망칸, 식당칸이 있어요.

치포와 함께 가는 기차 여행

"고맙지만, 엄마랑 이모가 걱정하셔." 준은 기차 여행을 가자는 치포의 말에 안 된다고 했어요. "괜찮아. 기차 여행을 떠나면 시간이 바로 멈추거든." 모두 함께 가겠다고 하자 아이들을 태운 치포는 빠르게 터널을 향해 달려갔어요. 치포가 터널로 들어선 순간 놀이 공원의 시간은 멈추어 버렸지요.

열차를 탈 때 알아두면 좋은 것들

1. 열차를 탈 때 안전 장치들의 위치를 알아두면 좋아요. 비상 통화장치, 소화기, 비상 열림장치, 비상 탈출망치, 비상구 유도등, 비상 사다리, 비상 창문 등이 있답니다.
2. 위급한 일이 생기거나 이상한 사람을 보면 비상 통화 장치인 인터폰을 이용해 승무원에게 알려요.
3. 열차를 탈출해야 할 경우 승무원의 안내를 듣고 비상구 유도등을 따라 안전하게 대피해요.
4. 불이 났을 때는 통로 문 옆의 소화기를 이용해요.

선로를 달리는 탈것들이 궁금해요

선로 위를 달리는 놀이 공원 롤러코스터

놀이 공원의 롤러코스터는 선로를 따라 위아래로 도는 궤도 열차예요. 거꾸로 매달려 가도 사람들이 떨어지거나 밖으로 튀어 나가지 않아요. 원심력(원의 한가운데서 멀어지는 쪽으로 미치는 힘)과 구심력(원의 한가운데를 향해 미치는 힘)이 힘의 평형을 이루기 때문이에요.

우리나라 에버랜드 롤링 엑스트레인

우리나라 경주월드 드라켄

독일 뮌헨 옥토버페스트 롤러코스터

미국 허쉬파크 롤러코스터

한 줄의 선로로 달리는 모노레일

모노레일은 한 줄의 선로를 이용해 높은 곳을 가는 철도예요. 선로에 매달려 가거나 선로 위를 달려가요. 1901년 독일 부퍼탈 시에서 처음 다니기 시작했어요.

우리나라 월미 바다 열차

독일 부퍼탈 슈베베반

높은 곳을 오르는 산악 케이블카 철도

스위스 슈토스반

일본 킨테스 이코마

일본 치바현 모노레일

산꼭대기를 다니는 케이블카

케이블카는 공중에 걸친 와이어로프(강삭, 여러 가닥의 강철 철사를 합쳐 꼬아 만든 줄)가 움직이며 사람이나 짐을 실어 날라요. 높은 산이나 바다 위를 다니며 관광용으로 많이 타요.

우리나라 여수 해상 케이블카

바다 위를 타고 가면 참 신나겠다!

오스트레일리아 블루마운틴 공원 케이블카

노면 전차 트램을 알아봐요

세계 여러 나라의 노면 전차 트램

트램은 차도 가장자리의 선로 위를 달려요. 전선에서 팬터그래프로 전기를 받아 그 힘으로 달리지요. 시끄럽지 않고 오염 물질도 적은 친환경 교통 수단이에요.

튀르키예 트램

일본 트램

미국 트램

러시아 트램

중국 스마트 궤도차

포르투갈 트램

이집트 트램

호주 태양광 트램

프랑스 트램
트램 트레인은 기차처럼 철로 위로도 달릴 수 있어요.
이탈리아 트램
에스파냐 트램
영국 트램
체코 트램
오스트리아 트램
홍콩 트램
현대 로템 무가선 저상 트램
우리나라에서 다니게 될 트램이야. 무가선이라 전기를 받는 팬터그래프가 없지.
무가선 수소 트램
ELECTRIC TRAM Fuel cell

말이 끌고 가는 철도 마차

철도 마차는 선로 위에 놓인 마차를 말이 끌고 가는 교통 수단이에요. 1830년대 미국 뉴욕에서 사람들을 태우고 다니면서 시작됐어요. 1850년대에는 프랑스 파리, 1860년대에는 영국 런던과 독일 베를린 등 세계 여러 도시에서 철도 마차가 다녔어요. 그러나 증기 기관차와 전차 등이 다니면서 1900년대 초반에는 거의 사라졌답니다.

로봇으로 변신한 치포

"어, 여기가 어디지?" 아이들이 눈을 뜬 그때, 앞에서 철도 마차가 달려왔어요. "저 철도 마차는 증기 기관차가 많이 다니기 전에 사람들을 태우고 다녔단다." 치포가 말했어요. "으악, 우리랑 쾅 부딪치겠는걸!" 지후가 말하는 순간 치포는 로봇으로 변신해 하늘로 날아올랐어요. "와~ 하늘로 날아오른다!" 아이들은 깜짝 놀라 소리를 질렀답니다.

석탄을 싣고 달리는 증기 기관차

증기 기관차는 탄수차에 석탄과 물을 싣고 달려요. 탄수차에서 석탄을 때서 물을 끓이면 뜨거운 증기가 계속 나와요. 이때 나오는 증기의 힘으로 기차가 칙칙폭폭 달리는거예요.

칙칙폭폭 증기 기관차

로봇으로 변신한 치포는 빠르게 날아갔어요. 얼마 후 증기 기관차가 칙칙폭폭 소리와 함께 연기를 내뿜으며 달려갔어요. "저 기차는 증기 기관차야. 석탄을 때서 물을 끓이고, 거기서 나오는 증기의 힘으로 달린단다." 모두들 신기한 듯 증기 기관차를 구경했답니다.

기차는 어떻게 태어났을까요?

'기차'라는 말은 증기의 힘으로 움직이는 차, 즉 증기 기관차에서 왔어요. 영국의 트레비식과 스티븐슨이 증기 기관차를 만들었지요. 1830년대와 1840년대에 들어서면서 기차는 점점 마차와 배 대신 중요한 교통 수단이 되었답니다.

피스톤은 공기의 누르는 힘으로 위아래 왕복 운동을 하는 기계 장치예요.

제임스 와트의 증기 기관

증기 기관은 열을 가해 나오는 증기의 힘으로 피스톤을 움직여 동력을 얻는 장치예요.
1765년 영국의 와트가 완성시킨 증기 기관은 기차와 함께 많은 공장에서 사용되었어요.

리차드 트레비식

리차드 트레비식의 페니다렌 호

리차드 트레비식은 1804년, 와트의 증기 기관을 이용해 페니다렌 호를 만들었어요.
페니다렌 호는 세계 최초의 증기 기관차예요.

철도의 아버지 스티븐슨의 로코모션 호

1825년 스티븐슨은 영국의 스톡턴에서 달링턴까지 가는 로코모션 호를 만들었어요. 로코모션 호는 화차와 객차를 달고 한 시간에 20여 킬로미터를 달렸어요.

로코모션 호

조지 스티븐슨

로버트 스티븐슨

튼튼한 철도 위를 달린 로켓 호

1830년 조지 스티븐슨은 아들 로버트 스티븐슨과 함께 영국의 리버풀에서 맨체스터까지 철도를 놓았어요. 그리고 그 철도를 달리게 될 새 증기 기관차 로켓 호를 만들었지요.

증기 기관차가 처음 나왔을 때의 모습

로켓 호

1834년, 러시아 최초 체레파노프 증기 기관차

영차영차, 부지런히 철도를 놓자!

어느 새 치포는 넓은 벌판의 언덕 위로 날아 오르며 말했어요.
“얘들아, 영국에서 만든 증기 기관차가 바다를 건너 미국에도 전해졌단다.
저기 철도를 놓는 모습 보이지? 미국은 엄청나게 땅이 아주 넓어서 동부에서
서부까지 철도를 놓는 거란다. 철도를 연결하면 빨리 다닐 수 있지.” 아이들은
부지런히 일하는 아저씨들을 구경했어요. “자, 이번에는 어디로 가 볼까?”

아메리카 대륙 횡단철도

미국은 땅덩어리가 아주 큰 나라예요. 미국의 링컨 대통령은 1869년 동부에서 서부까지 아메리카 대륙을 가로지르는 횡단철도를 놓았어요. 철도 덕분에 빨리 다니게 되자, 사람들이 많은 물건들을 만들어 팔아서 돈을 벌었어요. 미국이 오늘날 잘 사는 나라가 된 데는 횡단철도의 힘도 크답니다.

증기 기관차는 어떻게 달릴까요?

증기의 힘으로 달리는 증기 기관차

증기 기관차는 기관차와 탄수차, 객차로 이루어져 있어요. 탄수차에는 석탄과 물을 싣고 객차에는 사람들이 타요. 탄수차에서 석탄을 때서 물을 끓이고, 이때 나오는 뜨거운 증기의 힘으로 기차가 달려요. 요즘에는 관광용으로 증기 기관차가 다니기도 해요.

탄수차에 석탄과 물을 가득 실어요.

석탄을 때서 보일러의 물을 끓이면 뜨거운 증기가 나와요.

보일러의 증기가 바퀴를 밀어 움직여요.

칙칙폭폭 증기 기관차가 달려요.

특별한 증기 기관차

가장 빠른 증기 기관차
영국 맬러드(1938년)

제일 큰 증기 기관차
미국 빅 보이(1941년)

한국 전쟁 때 포탄을 맞은
경의선 장단역 증기 기관차

임진각 철도 중단점의
미카형 3-244 증기 기관차

여러 가지 모습의 증기 기관차

증기 기관차처럼 달리는 증기형 관광 열차

곡성 섬진강 기차마을 증기 기관차

삼척 하이원 추추파크 스위치백 트레인

우리나라 최초로 기차가 달리다!

"애들아, 1899년 우리나라에도 처음으로 노량진에서 제물포까지 기차가 다녔단다." 우리나라에 기차가 다니는 모습을 본 아이들은 무척 반갑고 자랑스러웠어요. "그런데 1910년 일본에 강제로 나라를 빼앗기면서 철도를 통해 엄청나게 많은 인력과 자원들도 빼앗겼단다!" 아이들은 다시는 그런 일이 생겨서는 안 된다며 두 주먹을 불끈 쥐었답니다. "자, 그럼 다음 여행지로 출발!"

와, 하늘과
땅을 울리는 소리네.
타 보고 싶다!

우리의 철도 역사를 살펴봐요

1899년 최초로 경인선 열차가 달리기 시작했어요

1899년 우리나라 최초로 서울에서 인천까지 경인선 열차가 달렸어요. 1900년 한강 철교가 놓이고 남대문역(서울역)이 문을 열면서 우리나라도 철도의 시대를 맞이했어요.

화륜차로 불린 모갈1호 기관차예요. 1899년 서울의 노량진에서 인천의 제물포까지 33킬로미터를 달렸어요.

경인선 이후 경부선(서울~부산), 경의선(서울~신의주), 호남선(대전~목포) 등이 차례로 놓여졌어요.

신기하다!

처음으로 서대문에서 청량리까지 전차가 다녔어요

1899년 서울의 서대문에서 청량리까지 전차가 다니기 시작했어요. 이후 사람들의 중요한 교통 수단이 되었지요. 하지만 자동차가 다니고 도시가 바뀌면서 1969년 모두 사라졌어요.

1900년대 초, 서울 종로 보신각 앞 전차

1915년 서울 돈의문(서대문) 앞 전차

1920년대 미카형과 파시형의 증기 기관차가 다녔어요

우리나라는 1910년 일본에 강제로 나라를 빼앗기면서 철도로 수많은 인력과 자원도 빼앗겼어요. 당시 미카형과 파시형의 증기 기관차가 들어와 사람들과 짐을 싣고 달렸어요.

화물용 · 여객용 기관차 미카

여객용 기관차 파시

광궤 열차 전망차(1930년대)

서울에서 부산까지 경부선 특급 열차가 달렸어요

1946년, 특급 열차 해방자호

1962년, 특급 열차 재건호

한국 전쟁에 디젤 기관차가 쓰였어요

디젤 기관차는 1950년대 초 한국 전쟁 때 우리나라에 처음 들어왔어요. 그리고 군인들과 무기를 실어 날랐지요. 1978년 우리나라의 기술로 첫 국산 디젤 전기 기관차를 만들었어요.

1951년, 한국 전쟁
디젤 기관차 2001호

1969년, 호랑이 무늬
디젤 기관차 2122호

산업 철도 태백선, 중앙선, 영동선이 전철화되었어요

1970년대 초 산업 철도가 전기의 힘으로 달리면서 전철화되었어요. 덕분에 화물 열차가 더 빨리 달리며 산업이 발달했지요. 태백선은 시멘트 · 무연탄 · 광석, 영동선은 무연탄 · 시멘트, 중앙선은 시멘트를 가장 많이 실어 날랐어요.

산업 철도 노선

컨테이너에 물건을 싣고 나르는 컨테이너 열차

시멘트를 나르는 시멘트 열차

석탄, 돌 등을 나르는 자갈차

자동차를 나르는 자동차 운반 열차

석유, 화학 약품 등을 나르는 유조차

대통령을 태우는 전용 열차가 다녔어요

이승만, 박정희 대통령 특별 객차

1969년~2001년 대통령 특별 동차

2002년~ 2016년 경복호

1974년, 서울 · 수원 · 인천 등 수도권에 전철이 다니기 시작했어요

1974년, 옛 1호선

1985년, 옛 2호선

1985년, 옛 3호선

1984년, 빠르고 안전하게 다니기 위해 열차에 등급을 정했어요

첫째, 새마을호

둘째, 무궁화호

셋째, 통일호

넷째, 비둘기호

2004년 고속 열차 KTX를 시작으로 KTX 산천, KTX 이음, SRT 등이 다니고 있어요

KTX 산천

KTX 이음

SRT

컨테이너 열차 차량
시멘트 열차 차량
객실
화장실
고속 열차 SRT
서울 수서역을 떠나
대전, 대구, 부산, 광주 등
대도시들을 빠르게
다닌단다.

화물 열차
열차에 지붕이
있는 유개차
열차에 지붕이
없는 무개차
자갈차 차량
자동차 운반 열차 차량
운전실
SRT
SR
627

우리의 기차역을 알아봐요

기차역은 기차가 오고 가는 곳이에요. 원하는 곳에 갔다 오려면 기차역 플랫폼(승강장)에서 기차를 타고 내려야 해요. 우리나라에는 제일 큰 기차역인 서울역부터 부산역, 노량진역 등 많은 기차역이 있어요. 그래서 어디든지 빠르고 편리하게 다닐 수 있답니다.

옛 서울 역사
(복합 문화 공간,
문화역서울 284)

서울역 플랫폼

서울역은 1900년 남대문 정거장으로 문을 열었어요. 1905년 서울에서 부산까지 가는 경부선이 놓이면서 경성역으로 이름이 바뀌었지요. 1925년에는 옛 서울 역사가 지어졌고, 1945년 빼앗긴 나라를 되찾으면서 서울역이라고 불렸어요. 2004년 KTX가 다니면서 현재의 역사가 세워졌답니다.

노량진역은 백 년도 더 되었구나!

노량진역은 우리나라 최초의 기차역이에요.
지금은 수도권 1호선 전철역이랍니다.

부산역은 경부선이 놓이면서 문을 열었어요.
현재의 역사는 KTX가 다니면서 지어졌어요.

강원도 춘천의 김유정역은 이곳에서 태어난 1930년대의 유명한 소설가 김유정을 기리는 역이에요.

청소역은 충청남도 보령시 청소면의 작은 역이에요. 장항선 역사 중 가장 오래 되었어요.

곡성 섬진강 기차마을은 옛 곡성역을 철도 공원으로 꾸몄어요. 오래 전 다녔던 기차를 볼 수 있어요.

분천역은 경상북도 봉화군 소천면의 영동선 기차역이에요. 크리스마스에는 산타 마을로 바뀌고 산타 열차도 다녀요.

아시아와 유럽을 잇는 시베리아 횡단철도

세계에서 가장 긴 철도로, 9천 킬로미터가 넘어요. 러시아는 1891년부터 아시아 동쪽 블라디보스토크에서 시베리아를 거쳐 유럽의 동쪽 모스크바를 잇는 철도를 놓았어요. 기차가 다니면서 추운 시베리아 땅에 사람들이 살게 되었고, 도시들도 생겨났어요. 우리나라도 통일이 되고 북한까지 경의선이 다녀 시베리아 횡단철도와 연결되면, 기차로 유럽까지 갈 수 있답니다.

세계에서 가장 긴 철도

“아이 추워. 우리는 지금 세계에서 가장 긴 시베리아 횡단철도를 달리고 있는 중이야. 이 철도는 아시아에서 유럽까지 간단다.” 치포는 너무 추운지 벌벌 떨며 말했어요. “우리 빨리 다음 여행지로 가는 게 좋겠어. 이러다 감기 걸리겠는걸!” 준은 동생들이 걱정되어 말했어요. “알았어. 어서 가자!” 치포는 다음 여행지를 향해 날아갔답니다.

아시아 나라의 열차를 알아봐요

아시아에는 많은 나라들이 있어요. 베트남, 인도, 일본, 중국, 태국 등 열차의 모습도 제각각 달라요. 일본은 철도 기술이 발달하여 철도의 나라라고 불려요. 중국은 나라 간에 자유롭게 오가는 국제 열차가 많이 다녀요. 북한도 중국과 러시아로 열차가 다니고 있답니다.

캄보디아 열차

태국 열차

태국 기차 시장

라오스 열차

베트남 열차

미얀마 열차

인도네시아 열차

말레이시아 열차

필리핀 하이브리드 전기 열차

남부 아시아 열차
인도
인도 준고속 열차
인도 열차
방글라데시 열차
스리랑카 열차
서아시아 열차
사우디아라비아
열차
우즈베키스탄
열차(중앙 아시아)
이란 열차
이라크 열차
이스라엘 열차

기차가 많이 다니는 철도의 나라, 일본

일본은 1872년부터 증기 기관차가 다니면서 기차가 발달하기 시작했어요. 1964년에는 세계 최초로 고속 열차 신칸센이 다니면서 최고의 철도망과 기술력을 갖게 되었지요. 신칸센과 함께 호화 관광 열차, 캐릭터 열차 등도 발달하여 많은 사람들이 이용하고 있어요.

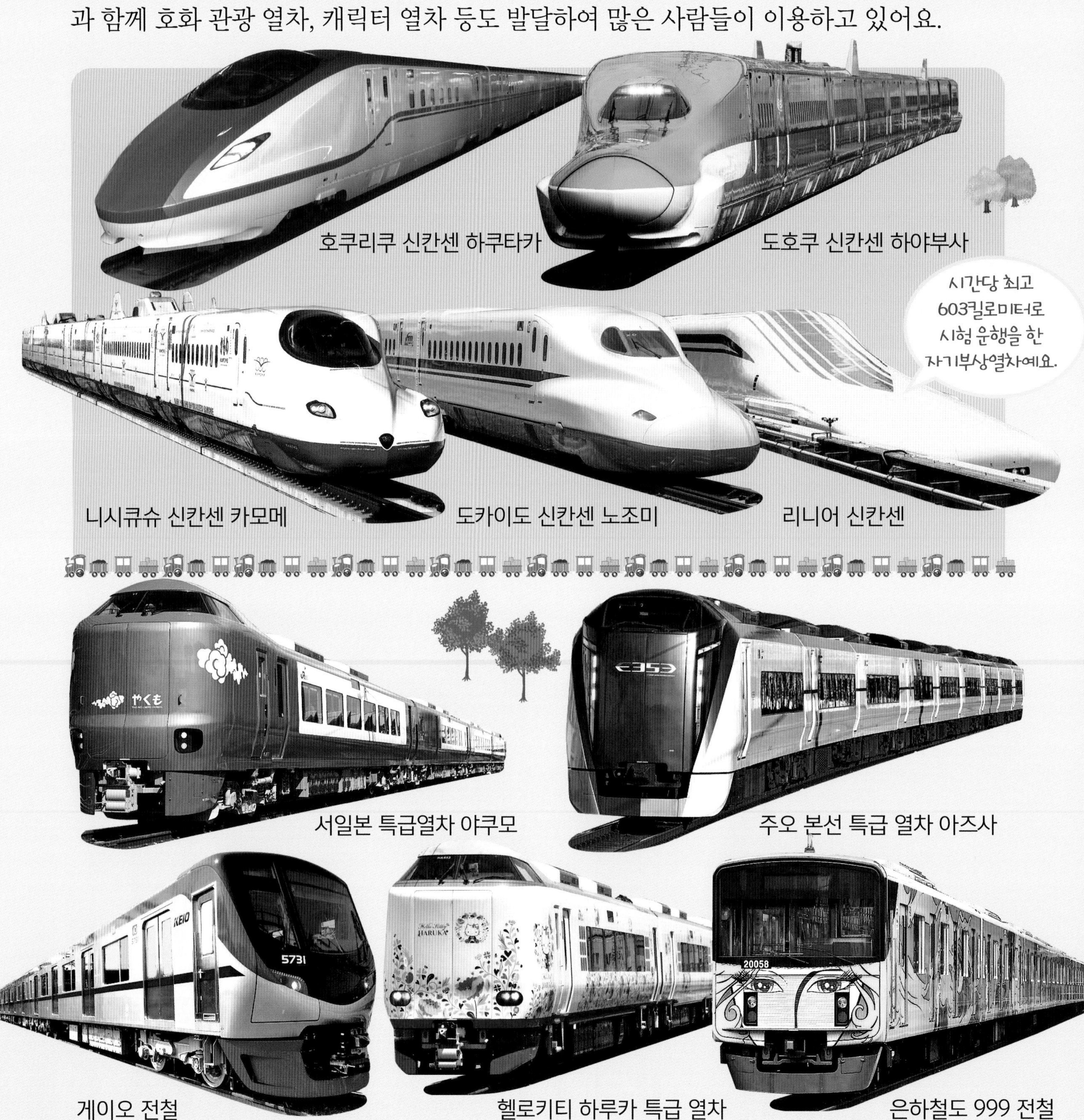

호쿠리쿠 신칸센 하쿠타카

도호쿠 신칸센 하야부사

니시큐슈 신칸센 카모메

도카이도 신칸센 노조미

리니어 신칸센

서일본 특급열차 야쿠모

주오 본선 특급 열차 아즈사

게이오 전철

헬로키티 하루카 특급 열차

은하철도 999 전철

증기 기관차
SL 은하호

고양이 전철

에이잔 전철

호빵맨 열차

특급 열차
난카이센 라피트

특급 관광 열차
킨테츠 시마카제

특급 열차 니세코

쾌속 열차
이즈 크레일

JR 큐슈
아루 열차

수소연료
전지 열차

초호화
관광열차 시키시마

초호화 관광 열차
더 로얄 익스프레스

초호화 관광 열차
트와일라이트 익스프레스

아시아와 유럽을 이어 주는 중국의 철도

중국은 땅이 넓어 사람들이 철도를 많이 이용해요. 멀리 가야 해서 기차에 침대칸이 많아요. 여객 열차와 함께 화물 열차도 많이 다녀요. 유럽으로 가는 유라시아 철도(중국~네덜란드)는 아시아와 유럽을 이어주고 있어요.

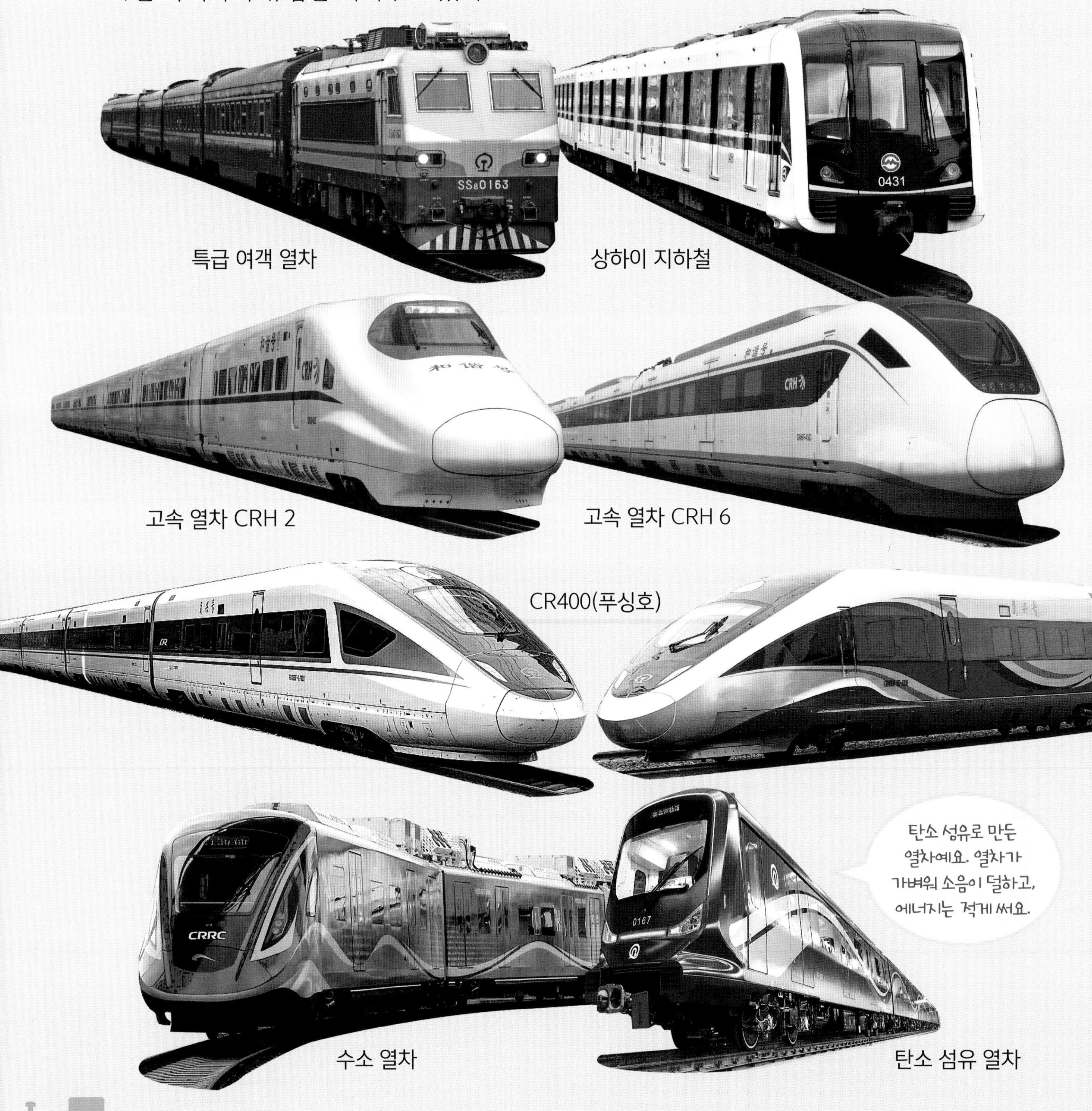

특급 여객 열차

상하이 지하철

고속 열차 CRH 2

고속 열차 CRH 6

CR400(푸싱호)

수소 열차

탄소 섬유 열차

대만 · 호주 · 뉴질랜드의 다양한 열차

대만 전철

대만 고속 열차

호주 열차

V라인 열차

틸팅 열차
(선로가 휘어진 곡선
구간도 잘 달리는 열차)

인디언 퍼시픽 열차

시드니 전철

뉴질랜드 전철

뉴질랜드 여객 열차

침대칸이 있는 특급열차

"와, 기차 안에 침대가 있어!" 라희가 소리쳤어요. "프랑스 파리를 떠나 튀르키예의 이스탄불까지 가는 오리엔트 특급열차야. 사람들을 태우고 유럽 여러 나라들을 구경시켜 주며 다닌단다." 치포의 이야기에 아이들은 신기한 듯 기차 안을 들여다보며 인사했어요. "자, 다음은 어디로 갈까?" 치포는 다시 빠르게 날아갔답니다.

호화 열차 오리엔트 특급열차

1883년부터 프랑스 파리에서 튀르키예 이스탄불을 달렸던 특급열차예요. 유럽 여러 나라의 큰 도시들을 지나는 국제 열차이자 최초의 유럽 대륙 횡단 열차였어요. 멋진 침대칸과 식당칸을 갖춘, 고급 호텔 같은 열차였지요. 1945년 제2차 세계대전이 끝난 뒤에는 점점 일반 열차로 운행되다가 없어졌어요. 현재는 베니스 심플론 오리엔트 익스프레스, 이스턴 오리엔탈 익스프레스 등의 관광 열차로 다시 다니고 있어요.

세계의 관광 열차를 살펴봐요

관광 열차는 아름다운 경치와 맛있는 음식을 즐기러 다니는 관광객들이 타는 열차예요. 멋진 식당과 객실이 있는 호화 관광 열차도 있어요. 세계 여러 나라에는 관광객들을 태우고 다니는 유명한 관광 열차들이 많답니다.

아프리카의 대자연을 누비는
남아프리카공화국 블루트레인

남아프리카공화국을
시원하게 달리는 로보스레일

눈 덮인 시베리아를 가는 러시아
골든이글 트랜스 시베리안 익스프레스

헝가리에서 이란까지 가는
골든이글 다뉴브 익스프레스

스코틀랜드 야간 열차
칼레도니아 슬리퍼

영국을 대표하는
초호화 열차 브리티시 풀만

스코틀랜드의 멋진
풍경을 즐기는 로열 스코츠맨

에스파냐의 아름다운
풍경과 만나는 트랜스 칸타브리코

멋진 알프스의 빙하와 골짜기를
지나는 스위스 글레이셔 익스프레스

프랑스 파리에서
베니스까지 가는
베니스 심플론
오리엔트 익스프레스

사막을 달리는 사막 열차
튀니지 레자르 루즈

알프스의 호수와 목초지를
달리는 스위스 골든 패스 라인

알프스의 멋진 계곡과 절벽을 지나는
스위스 베르니나 익스프레스

가파른 산도 잘 달리는
스위스 필라투스 산악 열차

알프스의 자연 경관을
즐기는 오스트리아 젬머링 반

융프라우 산악 지대를 가는 스위스 융프라우 산악 열차

북유럽 경치를 즐기는
노르웨이 베르겐스바넨 열차
스위스에서 이탈리아까지
깊은 계곡을 달리는 첸토발리 열차
중국 베이징에서
티베트 라싸까지 가는
철도로, 5천미터가 넘는
지역도 달려가요.
러시아 대륙을 누비는
시베리아 횡단열차
세계에서 가장 높은
곳을 달리는 중국 칭짱 열차
침대칸
전쟁의 슬픔이 깃든
태국 죽음의 열차
싱가포르에서
말레이시아, 태국까지 가는
이스턴 오리엔탈 익스프레스
인도의 아름다움과
멋진 자연을 즐기는 팔레스 온 휠
세계문화유산에 오른
인도의 토이 트레인

호주 열대 우림을
가는 쿠란다 관광 열차

호주의 대자연과
만나는 더 간

일본 최고의 관광 열차
나나츠보시 인 큐슈

미국의 서부 해안을 달리는
코스트 스타라이트

미국 포틀랜드 동쪽을
달리는 마운트 후드 열차

미국 케이프 코드 운하를
지나는 케이프 코드 중앙 열차

미국 애니마스 강을
따라가는 듀랑고 실버톤 협궤 열차

미국 앵커리지에서
알래스카를 가는 데날리 스타트레인

미국 캘리포니아의 경치와
와인을 즐기는 나파밸리 와인트레인

미국 뉴욕시와 러틀랜드의
풍경을 즐기는 에단알렌 익스프레스

캐나다 로키산맥의
아름다움과 만나는 더 캐나디언

캐나다의 대자연을
누비는 로열 캐나디언 퍼시픽

캐나다 최고의 풍경 열차 로키 마운티니어

알래스카의 만년설을 즐기는
캐나다 화이트 패스앤 유콘 루트

멕시코 고대 문화를 구경하는 체페

높은 안데스 산맥을
오르는 에콰도르 악마의 코 열차

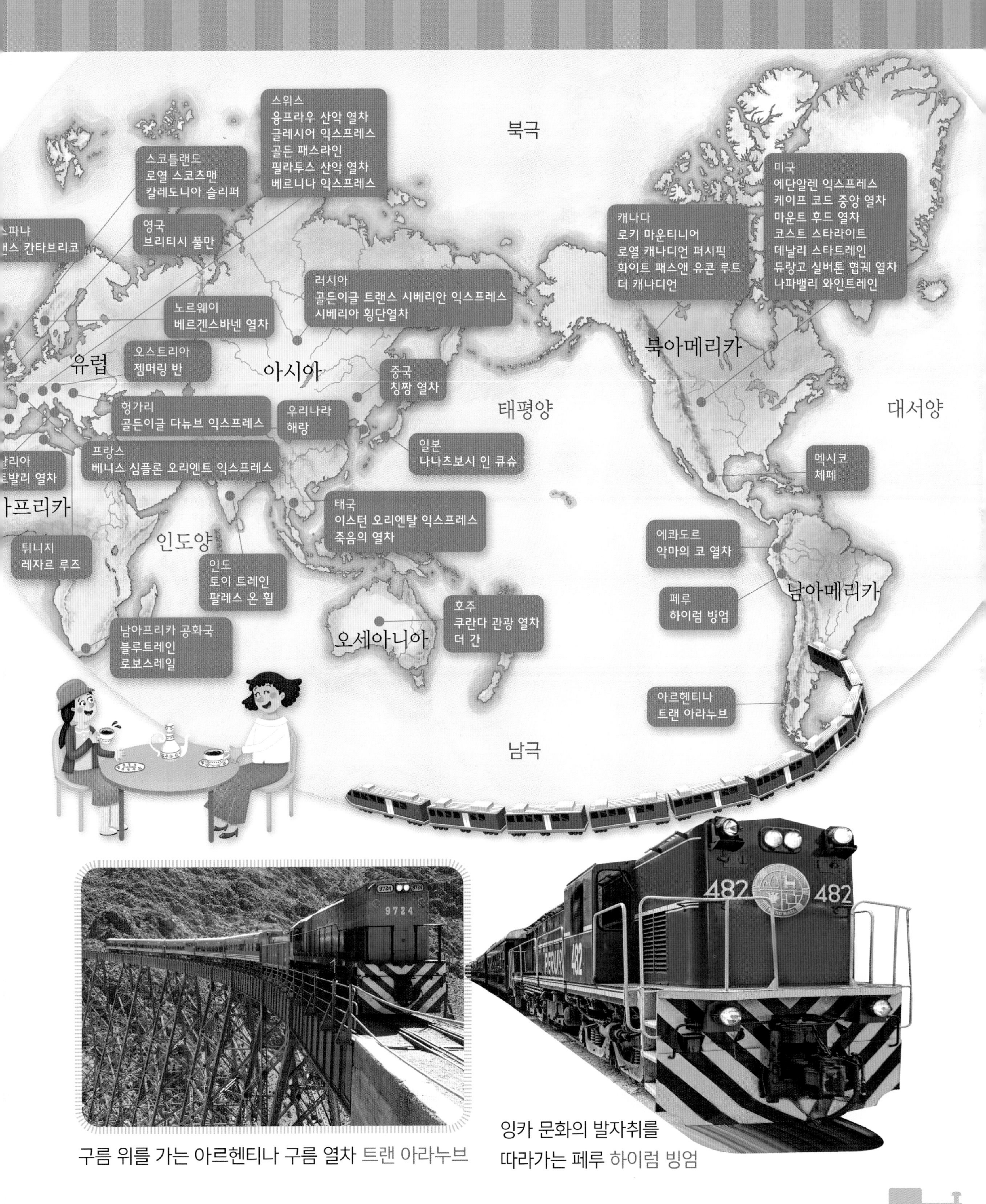

구름 위를 가는 아르헨티나 구름 열차 트랜 아라누브

잉카 문화의 발자취를 따라가는 페루 하이럼 빙엄

디젤 기관차의 나라에 가다!

"얘들아, 저 기차는 디젤 기관차야. 기름을 태워서 에너지를 얻기 때문에 증기 기관차보다 빨리 달린단다." 다시 꼬마 기차로 변한 치포의 말에 지후가 소리쳤어요. "어쩐지 빨리 가는 것 같았어!" 아이들은 증기 기관차에 이어 새로운 디젤 기관차를 보며 신이 났답니다.

미국에서 많이 다닌 디젤 기관차

미국은 디젤 기관차에서 앞서간 나라예요. 1900년대 초반 들어 미국에는 증기 기관차가 더 이상 다니지 않았어요. 미국은 땅덩어리가 아주 넓어 동부와 서부를 가로지르는 여객 열차와 아주 큰 화물 열차들이 많이 다녔어요. 이를 위해 경유를 연료로 싣고 다니는 디젤 기관차가 발달했지요. 1930년대에 이르러 미국 대부분의 철도에서 디젤 기관차가 다녔답니다.

디젤 기관차는 어떻게 달릴까요?

디젤 기관차는 디젤 기관을 동력으로 객차나 화차를 끌고 가는 열차예요. 초기의 디젤 기관차는 디젤 기관에서 경유를 태워 에너지를 만든 후 그 힘으로 달렸어요. 증기 기관차보다 더 빠르고 힘 좋게 달렸지요. 그러다 점점 경유로 발전기를 돌려 전기를 만들어 달리는 전기식 디젤 기관차가 나오게 되었어요.

디젤 기관차는 경유를 채우면 먼 거리도 가요. 하지만 주변의 공기를 오염시켜요.

루돌프 디젤(독일)

디젤 기관

제퍼

1893년 디젤이 디젤 기관을 만들면서 1912년부터 디젤 기관차가 다녔어요.

디젤 기관은 연료(경유)의 열 에너지를 기계 에너지로 바꾸는 동력 장치예요.

1934년 유선형의 디젤 전기 기관차인 제퍼는 미국의 시카고와 덴버 사이를 한 시간에 120 킬로미터나 달리면서 놀라운 속도를 냈어요.

세계 여러 나라의 디젤 기관차

우리나라에는 대부분 전기식 디젤 기관차가 다녀요.

우리나라 디젤 열차

프랑스 디젤 열차

인도 디젤 열차
태국 디젤 열차
중국 디젤 열차
덴마크 디젤 열차
독일 디젤 열차
체코 디젤 열차
벨기에 디젤 열차
스위스 디젤 열차
미국 디젤 열차
러시아 디젤 열차

아메리카 대륙의 열차를 알아봐요

아메리카는 북아메리카와 남아메리카로 나뉘어요. 미국, 캐나다, 멕시코, 칠레, 아르헨티나, 브라질, 우루과이 등 여러 나라들이 있지요. 그만큼 열차도 나라마다 모습이 달라요. 미국은 1869년 동부와 서부를 잇는 아메리카 대륙 횡단철도를 놓았어요. 덕분에 사람도 짐도 빨리 다니게 되었지요. 지금도 화물 열차는 세계에서 가장 많은 짐을 실어 나르고 있어요.

북아메리카 열차

미국 유니온 퍼시픽 화물 열차

미국 고속 열차 암트랙 아셀라

미국 스트라스버그 철도 토마스 열차

캐나다 크리스마스 열차

캐나다 비아 레일

남아메리카 열차

브라질 열차

페루 열차

볼리비아 열차

아르헨티나 열차

콜롬비아 열차

베네수엘라 전철

칠레 열차

우루과이 열차

기관사를 도와주는 철도 신호기
철도 신호기는 열차를 운전하는 기관사를 도와주어요. 열차의 진행, 멈춤, 빠르기 등 어떻게 운전해야 하는지 알려 주지요. 색깔로 알려 주는 게 열차 신호등이에요. 열차 신호등은 초록불(진행), 노란불(주의), 빨간불(멈춤)이 있어요.
진행
주의
멈춤
얘들아 빨리빨리! 얼른 기차에 올라타!
아이, 무서워! 기차에 타면 치포가 우리를 찾을 수 있을까?

무서운 곰이다, 기차에 올라타자!

와, 이를 어쩌죠? 치포의 에너지가 점점 떨어져 가나 봐요! 치포는 놀이 공원에 가서 얼른 에너지를 넣고 오겠다며 아이들을 내려 주었어요. 앗, 치포가 떠나자 갑자기 숲속에서 곰이 나타났어요. 모두들 깜짝 놀라 선로 위를 달리다가 어느 기차에 올라탔어요. 그런데 기차가 출발해서 깜깜한 터널 속으로 들어가지 뭐예요!

전기 기관차는 어떻게 달릴까요?

전기 기관차는 선로 위쪽의 전선으로 전기 즉 에너지를 받아 그 힘으로 달려요. 전기 철도는 1881년 독일에서 시작되었어요. 그 후 전철 · 지하철 등의 도시 철도나 고속 열차에서 다니고 있지요. 1960년대 이후로는 전기 기관차가 디젤 기관차보다 더 많이 다니고 있어요. 빠르고 공기 오염과 소음이 적어 사람들의 이용이 계속 더 늘고 있어요.

고속 열차 등의 전기 기관차는 열차 지붕에 팬터그래프가 꼭 있어야 해요. 팬터그래프와 전선이 연결돼야 열차가 달리는 동안 계속 전기를 받거든요.

세계 여러 나라의 전기 기관차

독일 유로 열차
프랑스 전철
노르웨이
플롬 산악 열차
인도 관광 열차
스위스 초콜릿 열차
Train du Chocolat
일본 카시오페이아
관광 열차
EF510-509
이 팬터그래프
덕분에 기차가
달리는구나!
스웨덴 틸팅 열차

기차의 이것 저것을 살펴봐요

철도교통 관제센터에서는 모든 열차들이 신호를 잘 지키고 선로 위를 제대로 달리는지 살피는 일을 해요.

기관사는 운전실에서 기차가 안전하게 달리도록 운전해요.

기차가 잘 달리기 위해 열심히 일하는 고마운 분들이 정말 많구나!

승무원은 객실에서 승객들이 편안하게 여행할 수 있도록 도와주어요.

철도 차량 기지는 운행이 끝난 열차를 세워 두는 곳이에요. 이곳에서 열차가 다시 잘 달릴 수 있는지 꼼꼼히 살펴봐요. 그리고 열차를 깨끗이 청소하고 고치는 일도 해요.

철도 선로 위를 구르며 열차가 달려요.

열차 중련은 기관차를 연결해 복합 열차를 만드는 거예요.

전동 소음은 열차 바퀴가 선로에 닿으며 나는 소리예요.

살사 장치는 열차 바퀴가 미끄러지지 않게 선로 위에 모래를 뿌려 줘요.

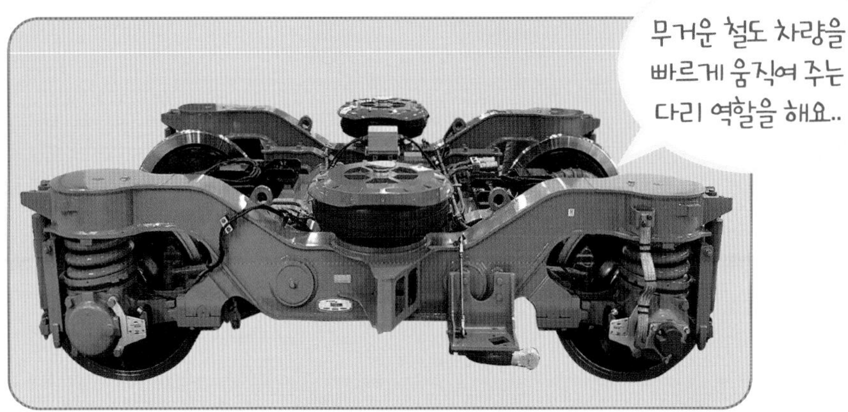

대차 주행 장치는 차체와 선로 사이에 열차의 무게를 받치고 선로 위를 바퀴로 달리게 하는 장치예요.

열차와 선로의 수리와 보수

열차가 잘 달리도록 선로를 살피고 고쳐요.

흠집이 난 열차 바퀴를 수리하고 고쳐요.

고장이 난 열차를 수리해요.

열차에 전기를 전해 주는 전선을 고쳐요.

치포, 다시 만나 반가워!

"아니 다 어디 갔지?" 금세 에너지를 채우고 돌아온 치포는 선로 위에 떨어진 라희의 가방을 발견했어요. 그리고 선로 주위로 아이들을 찾다가 기차를 타고 있는 모습을 보았지요. "얘들아 기다려. 데리러 갈게!" 치포는 다리를 지나 기차가 역에 멈추자 아이들을 옮겨 태웠어요. 그리고 다시 기차 여행을 떠났답니다.

안전하게 기차 타는 법

1. 기차역 매표소에서 승차권을 구입해요

2. 기차역 전광판의 열차 출발 안내를 살펴본 후 타는 곳의 플랫폼으로 가요.

3. 플랫폼의 노란색 선 뒤에서 열차를 기다려요.

4. 열차가 오면 열차 번호를 잘 본 후에 타요.

철교와 터널에 대해 알아봐요

강이나 골짜기를 지나는 철교

열차가 달릴 때면 넓은 강이나 깊은 골짜기도 지나가요. 강이나 골짜기 위에 철로 만든 튼튼한 다리를 놓았기 때문이에요. 열차가 다니는 다리라고 해서 철교라고 불러요.

한강 철교는 우리나라 최초의 철교로 1900년에 놓여졌어요.

태국 콰이강 철교

압록강 철교는 북한의 신의주와 중국의 단둥을 잇는 다리예요.

룩셈부르크 모젤 브릿지

미국 조지타운루프 철교

독일 쾰른 호엔촐레른 철교는 라인강을 가로질러요.

산속이나 바다 밑을 지나는 터널

열차가 달릴 때면 산속이나 바다 밑도 지나가요. 산속이나 바다 밑을 뚫어 터널을 만들었기 때문이에요. 덕분에 열차가 멀리 돌아가지 않고 곧바로 달릴 수 있답니다.

율현 터널은 SRT 고속 철도역 수서역과 지제역을 잇는, 우리나라에서 제일 긴 터널로 50여 킬로미터예요.

터널 표지판

금정 터널은 울산역과 부산역 사이에 있는 20여 킬로미터의 터널이에요. 고속 열차 KTX가 다녀요.

고트하르트베이스 터널은 세계에서 가장 긴 터널로 57킬로미터나 돼요. 스위스와 이탈리아를 이어 주어요.

해저 터널

세이칸 터널은 철도 해저 터널로, 54킬로미터나 돼요. 일본의 혼슈와 홋카이도를 이어주어요.

채널 터널은 영국과 프랑스를 잇는 50킬로미터의 해저 터널로, 고속 열차 테제베와 유로스타가 지나가요.

만나고 헤어지는 기차역

"쾅!" 갑자기 땅을 울리는 듯한 큰 소리가 들렸어요. "앗, 이게 무슨 소리야?" 모두 깜짝 놀라자 준이 치포를 보며 물었어요. "포탄 떨어지는 소리야. 여긴 제2차 세계대전 즉 전쟁이 일어난 유럽이거든. 이곳 기차역에서 군용 열차가 군인들과 전쟁터에서 필요한 것들을 빠르게 실어 나른단다." 치포와 아이들은 기차역에서 가족들과 헤어지는 군인 아저씨들을 보며 마음이 아팠어요.

전쟁에 필요한 것들을 실어 나른 기차

제 2차 세계대전은 1939년부터 1945년까지 유럽, 아시아, 북아프리카, 태평양 등지에서 일어난 큰 전쟁이에요. 독일, 이탈리아, 일본 중심의 동맹국과 영국, 프랑스, 미국, 소련 중심의 연합국 사이에 벌어졌지요. 지금껏 가장 끔찍한 피해와 불행을 가져다 준 전쟁으로, 우리나라도 일본으로 인해 엄청난 고통을 겪었어요. 당시 기차는 전쟁에 필요한 물자와 사람들을 실어 나르는 중요한 역할을 했답니다.

특수 열차 · 화물 열차가 궁금해요

특수 열차와 화물 열차는 사람을 실어 나르는 여객 열차와 달리 특별한 일을 해요. 특수 열차에는 열차가 잘 달리도록 눈을 치우는 제설 열차, 터널의 먼지를 청소하는 미세먼지 제거 열차, 병원 역할을 하는 병원 열차, 불을 끄는 소방 시설을 갖춘 소방 열차 등이 있어요. 짐을 실어 나르는 화물 열차에는 컨테이너차, 유조차, 자동차 운반차 등이 있답니다.

특별한 일을 하는 여러 가지 특수 열차

제설 열차

터널 미세먼지 제거 열차

병원 열차

소방 열차

여러 가지 철도 보수 차량

세계 여러 나라의 화물 열차

캐나다 화물 열차

미국 화물 열차

오스트리아 탱크차

스위스 자동차 운반 열차

독일 화물 열차

독일 화물 트램

스웨덴 컨테이너 열차

네덜란드 화물 열차

엄청 빠른 고속 열차와 만나다!

치포와 아이들은 이번에는 프랑스로 날아왔어요. 저 멀리 파리의 유명한 에펠탑이 보였지요. "무슨 기차가 저렇게 빨리 달리지?" 치포와 아이들은 아주 빠른 속도로 달려가는 고속 열차 테제베를 보자 신기하기만 했어요. "우리나라의 고속열차 KTX도 처음에는 프랑스 테제베의 기술로 만들었어." 준이 말했답니다.

일반 열차보다 먼저 가는 고속 열차

일반 열차는 뒤에서 오는 고속 열차를 먼저 보내기 위해 속도를 줄이기도 해요. 고속 열차의 속도가 빠르고, 정차하는 역의 수도 적기 때문이에요. 만약 일반 열차가 먼저 가고 고속 열차가 뒤에 간다면, 앞에 가는 일반 열차 때문에 빨리 갈 수가 없어요. 이렇듯 고속 열차, 특급 열차, 일반 열차 등의 순서로 먼저 간답니다.

유럽의 열차에 대해 알아봐요

유럽의 여러 나라들은 일찍부터 철도가 발달해 왔어요. 고속 열차, 야간 열차, 지역 열차 등 수많은 열차들이 다니고 있지요. 특히 스위스에는 인터라켄 역이나, 제네바 역 등 국제 열차역이 있어 나라와 나라 사이를 자유롭게 타고 오갈 수 있어요. 먼 거리를 빠르게 달리는 고속 열차부터 밤에 사람들을 태우고 다니는 야간 열차도 많이 다닌답니다.

유럽의 고속 열차

유로스타 국제 열차
(벨기에~프랑스~영국)

독일 이체에(벨기에~네덜란드
~독일~스위스~덴마크~프랑스)

알파 펜둘라르(포르투갈)

EIP(폴란드)

오스트리아 레일젯
(오스트리아~독일~스위스~헝가리)

렌페 아베(에스파냐)

프랑스 고속 열차, 테제베
테제베 이누위
(테제베의 프리미엄 열차)
테제베 듀플렉스 리리아
테제베 위고 드래곤볼
테제베 위고(저가 고속 열차)
탈리스 국제 열차
(프랑스~벨기에~독일)
아블로(에스파냐 저가 열차)
프레치아로사(이탈리아)

유럽 여러 나라의 야간 열차

텔로(이탈리아~프랑스)

유로나이트 이스터
(헝가리~루마니아)

OBB 나이트제트
(오스트리아~이탈리아~독일~스위스)

베를린 나이트
익스프레스(독일~스웨덴)

야간 열차를 타면 잠을 잘 수 있는 침대칸이 있어요.

산타클로스
익스프레스(핀란드 북극권)

산타 열차 객실

산타 열차 안

SJ 나이트 트레인
(노르웨이~스웨덴)

스넬토겟(스웨덴)

헬라스 익스프레스
(세르비아~그리스)

유로나이트 메트로폴
(오스트리아~체코~독일~슬로바키아~헝가리)

유로나이트 칼만 임레
(오스트리아~독일~
스위스~헝가리)

렌페 트랜 호텔(에스파냐)

철도의 왕국 스위스 열차

스위스는 아름다운 알프스 산맥 등의 자연을 보호하기 위해 일찍부터 철도가 발달해 왔어요. 취리히역, 제네바역 등 국제 열차역이 있어 매일 수천 대의 기차가 지나 다닌답니다.

몽블랑 익스프레스

톱니궤도 산악 열차

벤겐 산악 열차

고다르드 파노라마 익스프레스

유럽 여러 나라의 열차

스웨덴 열차

프랑스 열차

독일 수소 전기 열차
코라디아 아이린트

라트비아 열차

슬로베니아 열차

크로아티아 열차

노르웨이 열차
영국 광역 급행 열차
스위스 열차
탄소를 내뿜지 않는 친환경 탄소 제로 열차예요.
오스트리아 열차
불가리아 열차
헝가리 열차
우크라이나 열차

야호,
진짜 예쁜
기찻길이네!
치포, 계속
저 빨간 기차를
따라가 보자.

세계에서 가장 아름다운 기찻길

"우아, 멋지다!" 치포와 아이들은 스위스의 아름다운 경치를 따라 달리는 빨간 기차를 따라가며 소리를 질렀어요. "여기는 알프스 산맥으로 유명한 스위스야. 우리가 지금 달리는 곳은 유네스코 세계유산에 오른, 세계에서 가장 아름다운 기찻길이란다." 치포와 아이들은 기차를 따라 알프스의 멋진 풍경을 구경하며 다음 여행지로 떠났답니다.

유네스코 세계유산 기찻길을 달리는 베르니나 익스프레스

스위스 베르니나 익스프레스가 달리는 곳은 유네스코 세계유산에 오른 기찻길이에요. 스위스의 아름다운 기찻길 중에서도 빼어난 경치를 자랑해요. 스위스 동쪽의 도시 쿠어에서 이탈리아 티라노까지 달리는 동안 50여 개가 넘는 터널과 200여 개의 다리를 지나요. 알프스 산맥을 남북으로 가로지르며 멋진 구름다리, 깎아지른 바위 절벽과 터널, 푸른 숲과 눈 덮인 산을 만날 수 있답니다.

세계의 멋진 기차역이 궁금해요

세계 여러 나라의 유명한 기차역

기차역은 많은 사람들이 기차를 타기 위해 오고 가는 곳이에요. 세계 여러 나라의 대도시에는 사람들이 많이 다니는 유명한 기차역들이 있답니다.

책과 영화 '해리 포터 시리즈'로 유명한 영국 런던의 주요 철도역, 킹스크로스역

유럽의 고속 열차 유로스타 · 탈리스 · 테제베가 들어오고 나가는 프랑스 파리 북역

독일에서 제일 크고 아름다운 쾰른 중앙역

식물원처럼 멋진, 에스파냐 마드리드 아토차역

일본 전통 악기의 모습을 한 이시카와 가나자와역

세계에서 가장 아름다운 기차역

동양과 서양의 멋이 어우러진 유네스코 세계문화유산 기차역, 인도 뭄바이 차트라파티 시바지역

국제 고속 열차 유로스타와 유라시아 철도의 종착역, 영국 런던 세인트 판크라스역

일찍부터 철도가 발달한 벨기에의 멋진 철도역, 벨기에 안트베르펜 중앙역

아름다운 벽화로 유명한 유네스코 세계문화유산 기차역, 포르투갈 포르투 상벤투역

세계에서 가장 크고 플랫폼이 많은 역, 미국 뉴욕 그랜드센트럴역

역 주위가 시원한 바다로 둘러싸인, 튀르키예 이스탄불 하이다 르파샤역

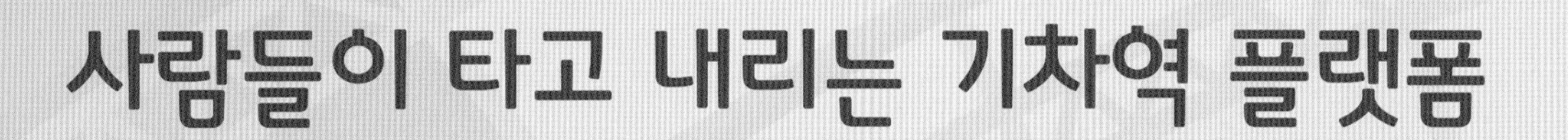

사람들이 타고 내리는 기차역 플랫폼

치포는 영국 런던의 어느 기차역 플랫폼에 멈추어 섰어요. “유럽은 기차를 타고 나라와 나라 사이를 쉽게 오갈 수 있단다.” 치포의 이야기를 들으며 아이들은 멋진 플랫폼을 구경했어요. “저기 서 있는 기차가 영국의 수도 런던과 프랑스의 수도 파리를 달리는 유로스타란다. 해저 터널을 통해 바다 밑을 달려가지.” 치포와 아이들은 유로스타를 따라 해저 터널도 신나게 달렸답니다.

나라와 나라 사이를 달리는 국제 열차
국제 열차는 나라와 나라 사이의 국경을 넘어 자유롭게 달려요. 프랑스와 영국도 해저 터널을 통해 국제 열차인 유로스타가 다녀요. 국제 열차는 멀리 여행을 다니는 사람들이 많이 타기 때문에 침대칸이 있어요. 러시아는 국제 열차가 가장 많이 다니는 나라예요. 서쪽으로는 프랑스 파리, 동쪽으로는 북한의 평양까지 다니지요. 중국도 국제 열차가 많이 다녀요. 북한, 카자흐스탄, 몽골, 러시아, 베트남 등으로 열차를 타고 갈 수 있답니다.
저 옆의 꼬마 기차는 갑자기 어디서 왔지? 정말 귀엽게 생겼네.
난 지난번에도 봤지. 가끔씩 아이들을 데려 오곤 했어.
EUROSTAR
0628
EUROSTAR
EUROSTAR

러시아 열차

러시아 철도는 1842년 증기 기관차가 모스크바에서 상트페테르부르크를 달리며 시작되었어요. 러시아는 땅덩어리가 넓어 철도 길이만 총 14만 킬로미터에 이르는 철도의 나라예요. 화물 열차뿐만 아니라 여객 열차도 많이 다녀요. 특히 시베리아 횡단 열차 등 장거리 열차가 많고, 침대차도 많아요. 철도는 표준 궤도보다 넓은 광궤를 사용하고 있답니다.

고속 열차 삽산

전철

여러가지 여객 열차

화물 열차

아프리카 여러 나라의 열차

아프리카 대륙은 1800년대 후반부터 유럽 강대국들의 식민지가 되었어요. 그러면서 철도를 통해 수많은 자원들도 빼앗겼지요. 지금도 아프리카 여러 나라들은 가난과 굶주림에서 벗어나기 위해 애쓰고 있어요. 2019년 아프리카 대륙 횡단철도가 놓여져, 동쪽 탄자니아부터 서쪽 앙골라까지 여객 열차 외에도 많은 화물 열차가 다닌답니다.

아프리카 최초의 모로코 고속 열차

동아프리카 철도 타자라

탄자니아 열차

나이지리아 열차

남아프리카공화국 병원 열차

남아프리카공화국 전철

에티오피아-지부티 열차

이집트 전철

케냐 열차

자기 부상 열차를 타고 집으로!

치포와 아이들은 기차 여행을 마치고 다시 놀이 공원으로 돌아왔어요. 엄마와 이모는 여전히 차를 마시고 있었지요. "고마워 치포! 기차에 대해 잘 알게 되었어." 준이 말하자 모두들 고개를 끄덕이며 치포에게 고맙다고 인사했어요. 준과 지후네 가족은 치포가 알려준 자기 부상 열차를 타고 즐겁게 집을 향해 갔답니다.

선로가 다른 고속 열차와 자기 부상 열차

고속 열차의 선로는 강철로 만들어요. 소음을 줄이도록 선로 사이에 자갈도 깔아요. 비가 와도 물이 잘 빠지고 잡초가 자라는 것도 막아 줘요. 반면 자기 부상 열차는 선로를 자석으로 만들어요. 자석의 밀고 당기는 힘을 이용해 달리기 때문이에요.

인천 국제공항 자기 부상 열차